Uma leitura não literal da Bíblia

Convergências entre Revelação e Ciência

Obra de Inteligência Artificial

editada por

Décio Martins de Medeiros

Informações bibliográficas:
Autor/Editor: Décio Martins de Medeiros.
Título: Uma leitura não literal da Bíblia.
Subtítulo: Convergências entre Revelação e Ciência
Local, Ano: São Paulo-Brasil, 2025.
Páginas: 89 páginas tamanho 6”x9”.
Assunto: 1.Religião. 2.Ciência.

Sumário

Introdução

Ler a Bíblia literalmente foi, por séculos, o único caminho possível para muitos fiéis. Mas o avanço do conhecimento humano — nas ciências naturais, na arqueologia e na psicologia — abriu novas janelas sobre o mesmo texto sagrado.

A leitura **não literal** não diminui a autoridade da Escritura; ao contrário, amplia sua profundidade. O mito, entendido como linguagem simbólica, é um **modo poético de dizer verdades que a prosa científica só muito mais tarde conseguiu descrever**.

O Gênesis fala de um princípio; a cosmologia confirma que houve um princípio.

A Bíblia afirma que viemos do pó da terra; a biologia mostra que nossos corpos são feitos dos mesmos elementos do cosmos.

A Escritura diz que “de um só fez toda a raça humana”; a genética moderna comprova nossa unidade ancestral.

Essas não são coincidências, mas ecos de uma mesma verdade, expressa em níveis diferentes de linguagem.

Este livro é, portanto, um convite à reconciliação. Nele, fé e ciência não competem — **complementam-se**. Ambas buscam, à sua maneira, a Verdade que ultrapassa o literal e ilumina o espírito.

Capítulo_01 – A dupla revelação: a Natureza e a Escritura

Há muito tempo, o ser humano percebeu que o mundo fala — mas fala em silêncio.

As estrelas, o vento, o nascimento de uma flor e o pulsar do coração humano são páginas de um livro antigo, sem letras, mas cheio de sentido. Esse é o **livro da Natureza**, a primeira escritura que Deus ofereceu à criatura racional.

Mais tarde, para que o homem não se perdesse entre as vozes do mundo, veio a segunda escritura — **a Bíblia**, palavra revelada, traduzindo em linguagem humana aquilo que o universo proclama em beleza. Desde então, temos dois livros que narram a mesma história: o livro do **ser** e o livro do **dever-ser**; o livro das **leis naturais** e o livro das **leis morais**; o livro da **criação** e o livro da **redenção**.

O livro do cosmos

A Natureza, dizia Galileu, é um livro escrito em linguagem matemática.

O astrônomo via nas órbitas dos planetas e nas leis da gravitação a assinatura de uma Inteligência ordenadora. Cada fórmula física é uma frase desse discurso cósmico; cada constante universal é uma palavra estável, jamais pronunciada por acaso.

Quando o salmista exclama: "Os céus proclamam a glória de Deus e o firmamento anuncia a obra das suas mãos", ele antecipa o mesmo deslumbramento de um físico diante do universo. A diferença está apenas na linguagem: o poeta fala em louvor, o cientista fala em equações — mas ambos se curvam diante do mistério da ordem e da harmonia.

O livro da Palavra

A Bíblia é o outro livro, aquele em que o Divino Espírito fala por meio de profetas, sábios e apóstolos. Ela não se preocupa com órbitas nem fórmulas; preocupa-se com o sentido.

Enquanto a ciência pergunta **como** o universo funciona, a Bíblia responde **por que** ele existe.

O erro de muitas gerações foi tentar fazer com que um livro substituísse o outro.

Quando se exige da Escritura o papel de um tratado científico, ela parece ingênua; quando se exige da ciência uma resposta para o mistério do bem e do mal, ela se cala. Mas quando ambos são lidos juntos — cada um em sua língua — surge um entendimento mais vasto, em que fé e razão se encontram no mesmo altar da verdade.

Revelação progressiva

A Revelação divina não é estática. O mesmo Deus que inspirou Moisés continua a inspirar os descobridores do cosmos.

Há uma **revelação contínua**, que se renova na medida em que o homem amplia sua compreensão. O que antes era visto como milagre pode, depois, ser reconhecido como lei — e, mesmo assim, continuar sendo obra de Deus.

Quando a humanidade descobriu que a Terra gira em torno do Sol, não se afastou da fé; apenas **entendeu melhor o cenário da Criação**.

Cada avanço científico, longe de ameaçar o sagrado, o engrandece, pois mostra que o mistério é mais vasto do que se supunha.

A linguagem do símbolo

A Bíblia fala a uma humanidade nascente. Sua linguagem é **simbólica**, **poética**, **pedagógica**. Quando diz que Deus "fez o homem do pó da terra", comunica, numa imagem simples, o que hoje a ciência confirma com linguagem técnica: que somos feitos dos mesmos elementos químicos das estrelas.

O símbolo bíblico não é ficção — é **metáfora reveladora**, ponte entre o visível e o invisível. A leitura literal empobrece a fé; a leitura simbólica a engrandece, porque nos permite enxergar **a verdade por trás da imagem**.

Dois olhos da mesma mente

Assim como o ser humano precisa de dois olhos para perceber a profundidade, também precisa de **fé e razão** para enxergar a realidade em sua totalidade.
A razão vê a superfície mensurável; a fé vê o sentido interior.
Separadas, ambas se tornam míopes; unidas, revelam a profundidade do ser.

Essa é a harmonia que este livro propõe resgatar: não a submissão de uma à outra, mas **a cooperação de ambas**, como instrumentos complementares de uma mesma busca — a busca da Verdade.

A unidade da Verdade

A verdade não pode se contradizer.
Se algo é verdadeiro na ciência, e algo é verdadeiro na fé, ambas as verdades devem coincidir em última instância — ainda que nossa mente, limitada, não perceba imediatamente como.

A história humana é, em parte, o lento processo de **descoberta da unidade da Verdade**.
A cada passo, desfazem-se aparentes contradições: entre fé e razão, entre corpo e espírito, entre céu e terra. O que

era conflito transforma-se em diálogo; o que era muro, torna-se ponte.

Conclusão do capítulo

A Natureza e a Bíblia são dois espelhos voltados um para o outro, refletindo a mesma luz sob ângulos diferentes. Quem lê apenas um deles conhece metade da mensagem; quem lê ambos, em harmonia, percebe a música que une o visível e o invisível.

O homem moderno, ao compreender o Big Bang, a evolução e a estrutura do DNA, não se afasta de Deus — apenas aprende a **ler melhor o primeiro livro da criação**.
E ao retornar à Escritura com olhos renovados, descobre que as palavras antigas continuam vivas, pois falam de um Deus que escreve com estrelas e com letras, com átomos e com almas.

Capítulo_02 – "Haja Luz!" e o Big Bang

No princípio, silêncio.

Nenhum som, nenhuma forma, nenhuma medida.
E então — **"Haja luz!"**

Essas três palavras, que abrem a história do Gênesis, ecoam de modo surpreendente na linguagem da cosmologia moderna. Quando os cientistas olham para o passado do universo e descrevem o instante em que o tempo e o espaço começaram, estão, de certo modo, contemplando o mesmo momento inaugural descrito poeticamente nas Escrituras.

O universo teve um começo — essa é a descoberta decisiva do século XX.

E a Bíblia já o proclamava há milênios.

A origem física do universo

Durante séculos, muitos acreditaram que o cosmos era eterno e imutável. A filosofia grega, a tradição aristotélica e o pensamento científico até o início do século XX imaginavam um universo sem princípio nem fim.

Mas as equações de Einstein e as observações de Hubble mudaram tudo.

A luz das galáxias revelou-se em expansão: quanto mais distantes, mais rapidamente se afastam. Isso significava que, se voltássemos o filme cósmico no tempo, todas as galáxias convergiriam a um ponto — uma singularidade original de energia incomensurável.

Foi o padre e físico **Georges Lemaître** quem primeiro propôs essa ideia, chamando-a poeticamente de "**átomo primordial**". Décadas depois, o termo "Big Bang" popularizou-se, descrevendo o instante em que o universo emergiu da não-existência física para o espaço e o tempo.

Assim, a ciência, com seus instrumentos, chegou ao mesmo conceito que a fé havia intuído com símbolos: **o universo teve um princípio**.

“Haja luz”: o fiat luminoso

A primeira manifestação da criação, segundo o Gênesis, foi a luz.

Não o sol — que aparece apenas no quarto dia — mas uma **luz primordial**, sem fonte aparente.

A física moderna descreve algo análogo: no início, não havia estrelas, mas **radiação pura**. O universo nascente era uma explosão de fótons e energia, de onde a matéria viria a se condensar muito mais tarde.

A frase “Haja luz” é, portanto, **a tradução simbólica da primeira transformação da energia em realidade visível**. É o instante em que o invisível se torna perceptível, o primeiro verbo de um Criador que fala em ondas e partículas.

A harmonia entre Gênesis e cosmologia

Quando o texto bíblico é lido como linguagem espiritual, e não como crônica literal, a ordem da criação torna-se notavelmente coerente com o relato científico:

Ordem no Gênesis	Correspondência científica aproximada
1.Haja luz	Explosão inicial e radiação cósmica
2.Separação das águas	Formação da matéria e estruturação do espaço
3.Surgimento da terra e vegetação	Consolidação dos planetas e início da vida primitiva
4.Criação do sol e da lua	Formação do sistema solar visível a partir de gases
5.Animais marinhos e aves	Evolução dos primeiros organismos multicelulares
6.Criação do homem	Emergência da consciência humana

Essa sequência não é científica no método, mas **é harmoniosa no sentido**.

A Bíblia descreve a criação em termos simbólicos, pedagógicos e teológicos; a ciência, em linguagem matemática.
Ambas se referem, contudo, ao mesmo drama cósmico: o **nascimento do ser a partir do nada**.

Tempo divino e tempo humano

Um dos equívocos mais comuns na leitura literal do Gênesis é imaginar que os "dias" da criação correspondem a vinte e quatro horas. O próprio texto, entretanto, já insinua outro sentido: o "dia" é o ciclo de uma obra divina, não uma medida solar.

A física moderna fala em **eras cósmicas** — bilhões de anos que, diante da eternidade, são como instantes. Assim, cada "dia" pode ser entendido como uma **etapa simbólica do processo criador**, não como um dia cronológico.

A eternidade divina não se mede por relógios. Para Deus, o tempo é uma dimensão da criação, não uma limitação de seu ser.

A harmonia das leis

A cosmologia moderna revela que o universo é regido por leis constantes e universais: gravitação, energia, entropia, relatividade. Essas leis não se contradizem; ao contrário, parecem ajustadas com precisão delicadíssima para permitir a existência da vida.

Os cientistas chamam esse fenômeno de **"ajuste fino do cosmos"**.

A probabilidade de que tantas constantes físicas tenham valores compatíveis com a vida é praticamente nula. Alguns falam em acaso; outros, em multiversos. Mas muitos reconhecem que o mais simples é admitir uma **intenção inteligente subjacente à ordem do universo**.

Assim, o "Haja luz" não é apenas o som inicial da criação; é o **eco contínuo de uma ordem racional**, que sustenta tudo o que existe.

O silêncio anterior à luz

Se houve um princípio, então houve um "antes" do tempo — uma realidade além do espaço. A ciência reconhece que **não pode investigar o que existia antes do Big Bang**, porque o próprio tempo nasceu naquele instante. Mas a teologia ousa um passo além: esse "antes" é o domínio do eterno, onde habita o Ser que é causa de si mesmo.

O "Fiat lux" é, portanto, a transição do eterno ao temporal, do absoluto ao relativo.

É o instante em que o invisível decide manifestar-se. E, a cada nova descoberta cósmica, a alma humana escuta de novo o mesmo comando: *Haja luz* — e há compreensão.

O universo como revelação contínua

O universo ainda se expande.

As galáxias se afastam, as estrelas nascem e morrem, e o espaço se dilata como se o "Haja luz" inicial continuasse soando.

Talvez a criação não tenha terminado.

Talvez estejamos vivendo dentro de um **ato criador em andamento**, um verbo que ainda não se calou. A cada nova estrela acesa, Deus parece repetir o mesmo gesto de origem: trazer o ser à existência, multiplicar a luz.

Assim, a cosmologia moderna, em vez de diminuir o mistério, o amplia.

Quanto mais o homem conhece, mais percebe que o cosmos não é produto do acaso, mas **obra de um Logos** — uma Razão viva que se expressa em ordem, beleza e inteligibilidade.

Conclusão do capítulo

Entre a poesia do Gênesis e a precisão da astrofísica há uma harmonia profunda.

A Bíblia ensina o **sentido do início**; a ciência descreve o **mecanismo do início**.

E ambas convergem na mesma admiração: o universo teve um começo, e esse começo foi luminoso.

O "Haja luz" não pertence apenas ao passado remoto. Ele continua a ressoar no espírito humano, cada vez que a ignorância se dissipa, cada vez que o saber se amplia, cada vez que uma mente se abre para a verdade. O universo nasceu da luz — e a alma humana só se realiza quando caminha em direção a ela.

Capítulo_03 - A Terra e a Vida: evolução como ato criador

Quando a poeira das estrelas se organizou em planetas e o calor dos sóis cedeu espaço à forma, um pequeno corpo azul começou a girar silenciosamente em torno de uma estrela média, em um canto comum da galáxia. Era a Terra — e nela, o Criador quis manifestar algo novo: **a vida**.

Se o "Haja luz" descreve o nascimento do cosmos, o surgimento da vida representa a **continuação do mesmo verbo criador** — agora, não apenas energia, mas sensibilidade; não apenas forma, mas consciência em germinação.

A gênese da matéria viva

A ciência narra que, há cerca de 3,8 bilhões de anos, a superfície terrestre reunia condições singulares: calor, minerais, radiação e oceanos primitivos repletos de moléculas simples.

Dessas combinações, surgiu o que chamamos de vida — uma organização autônoma capaz de **reproduzir, adaptar-se e evoluir**.

Para o olhar da fé, esse instante não é o acaso que se tornou fértil, mas o **espírito que se fez célula**. A matéria, animada por uma intenção divina, deu um salto qualitativo: passou da inércia à vida.

Assim, o que os cientistas chamam de "emergência biológica" pode ser visto como o **segundo fiat**, o prolongamento do "Haja luz" no campo da biologia.

A evolução como linguagem da criação

Muitos leem o Gênesis como um relato fixo e instantâneo, mas a natureza revela um **Deus paciente**, que cria por meio de processos.

A evolução não é negação do Criador — é o **modo pelo qual Ele cria no tempo**.

Charles Darwin descreveu o mecanismo da seleção natural; mas o que a ciência chama de "adaptação" a teologia pode chamar de "providência" — um fio invisível conduzindo a vida rumo à complexidade e à consciência.

O pó das estrelas tornou-se planta, animal, homem — como se o universo inteiro estivesse sendo lentamente **educado para pensar**.

E, quando o homem ergueu os olhos ao céu, reconheceu a origem da qual ele próprio emergira.

Do barro ao espírito

"Formou o Senhor Deus o homem do pó da terra e soprou-lhe nas narinas o fôlego da vida." Essa imagem não é física, mas espiritual.

O “barro” é o símbolo da matéria; o “sopro” é o símbolo da consciência.

A ciência confirma que o corpo humano é formado pelos mesmos elementos químicos do solo e das estrelas. Mas há algo que a ciência não pode medir: o **princípio vital**, a centelha de interioridade que faz o homem dizer “eu”.

O “sopro” divino não é ar, é consciência — é o momento em que a matéria se reconhece como ser. E nesse instante, a evolução deixa de ser apenas biológica: torna-se **espiritual**.

O jardim simbólico

O Éden não é um lugar geográfico perdido no tempo; é uma **condição da alma humana antes da queda**, o estado de harmonia original entre o homem, a natureza e o Criador.

Do ponto de vista simbólico, o “jardim” representa o equilíbrio ecológico e espiritual da vida nascente. O homem vivia entre árvores e rios, imagem da interdependência e da pureza.

Mas, ao “comer do fruto”, ele tomou consciência de sua própria liberdade — e, com ela, da separação. Esse é o preço da razão: conhecer o bem e o mal, e, portanto, tornar-se responsável.

A evolução biológica alcançara a autopercepção — e, com ela, a moralidade.

A Terra como organismo vivo

A hipótese de Gaia, proposta por James Lovelock, descreve a Terra como um **sistema autorregulador**, onde atmosfera, oceanos e seres vivos interagem para manter o equilíbrio.

É quase uma paráfrase científica do antigo princípio: "E viu Deus que era bom."

O planeta é uma unidade de interdependência — um corpo vivo em que cada criatura tem uma função no todo. A teologia pode ver nisso o reflexo de uma **sabedoria imanente**, onde o Criador não apenas inicia a vida, mas continua a sustentá-la em cada respiração, em cada ciclo da natureza.

Assim, o verbo criador não se encerra no passado. Ele vibra nas marés, floresce nas primaveras e ressoa nos átomos.

Cada nascimento é um novo "Haja".

O mistério da consciência

Se a evolução biológica explica a forma do corpo, **a origem da consciência** permanece um enigma. De onde vem a capacidade de pensar, de sentir o bem e o mal, de buscar o eterno?

Nenhuma mutação genética explica o amor, o perdão ou a contemplação.

Há algo em nós que transcende a soma das células. E é aí que a ciência se curva diante do mistério: **o cérebro pode ser o instrumento, mas não o autor da alma**.

Para o crente, a consciência é o selo divino impresso na carne.
Para o cientista honesto, é um fenômeno que ainda escapa à explicação materialista.

Para ambos, é um convite à humildade.

Evoluir é participar do Criador

A criação não terminou no sexto dia — ela continua em cada ato de crescimento, em cada transformação moral ou intelectual da humanidade.

Evoluir é **participar do movimento criador de Deus**.

O homem, ao inventar, descobrir, educar e amar, não está apenas modificando o mundo — está prolongando o gesto do Criador que o formou.

Assim, ciência e fé se reencontram:

a primeira, como instrumento da razão;
a segunda, como sentido do existir.

Ambas buscam o mesmo destino — **a plenitude da verdade**, onde o conhecimento e o amor se tornam uma só luz.

Conclusão do capítulo

O Gênesis e a biologia não são inimigos, mas companheiros de jornada.

Um fala em símbolos; o outro, em dados. Mas ambos descrevem o mesmo mistério: o de uma Terra viva, fecunda, em permanente criação.

O universo não é um acidente — é uma **história com propósito**.
E o homem, longe de ser o produto cego da matéria, é o ponto onde a matéria se reconhece como espírito.

Quando o Criador disse "Haja vida", não apenas convocou moléculas — **chamou à existência a possibilidade do amor**.

E essa continua sendo, até hoje, a mais bela forma de evolução.

Capítulo_04 – O Homem e o Divino Espírito: o sopro divino na consciência humana

Entre o barro e o céu, o homem foi criado. Entre a matéria e o mistério, ergueu-se um ser capaz de contemplar o infinito e de interrogar-se sobre o sentido da própria existência.

Nada na natureza o explica por completo — e, no entanto, ele faz parte dela.

É o elo entre o visível e o invisível, o resumo da criação. O pó se tornou autoconsciente; a argila aprendeu a pensar; a vida descobriu que podia amar. E foi então que o Criador **soprou o espírito** — não como vento, mas como presença interior.

O mistério do "sopro"

"O Senhor Deus formou o homem do pó da terra e soprou-lhe nas narinas o fôlego da vida, e o homem tornou-se alma vivente."

A ciência vê a sequência da evolução até o Homo sapiens; a fé reconhece, nesse instante, **a infusão do espírito** — o despertar da consciência moral.

O "sopro" é o símbolo da passagem da biologia à interioridade.
Não é uma ação física, mas uma transfiguração ontológica: a matéria animada torna-se sujeito. Daí nasce a alma, o "eu" que se sabe vivo, e que sabe que sabe.

Esse momento é o verdadeiro nascimento do homem — não quando andou sobre a terra, mas quando **ergueu o olhar para o céu** e perguntou: "Por que existo?"

A consciência como centelha divina

A neurociência descreve os processos mentais, mas não alcança a origem do **sentido**.

Nenhum circuito neural explica o arrependimento, o altruísmo ou a adoração.

Há algo em nós que transcende a causalidade material: uma chama que ilumina a mente e orienta o coração.

A tradição cristã chama essa chama de "espírito". É o ponto de contato entre a criatura e o Criador, o reflexo da imagem divina em nós.

Por isso, cada homem é sagrado: carrega em si o selo do Absoluto.

Assim, o que a ciência observa como "consciência" e a teologia chama de "alma" são duas linguagens para o mesmo mistério: **a presença do divino na carne pensante**.

"Imagem e semelhança": uma vocação, não um atributo

Ser feito à "imagem e semelhança de Deus" não significa ser igual a Ele, mas **chamado a refletir-Lhe a essência**.

A imagem é o intelecto; a semelhança, o amor. Uma sem a outra é incompleta: razão sem amor se torna cálculo; amor sem razão se torna impulso.

Nesse equilíbrio se manifesta a vocação humana — a de participar da obra criadora, não por instinto, mas por consciência e liberdade.

O homem não é mero produto da natureza: é **coautor da criação**, chamado a completá-la com justiça, beleza e compaixão.

O drama da liberdade

Com o espírito veio também a liberdade — e com ela, a possibilidade da queda.

A árvore do conhecimento do bem e do mal é o símbolo do despertar moral: o homem deixa de obedecer por instinto e passa a escolher por consciência.

O "pecado original" não é um evento físico, mas **o primeiro ato de autonomia mal exercida**. É o instante em que a criatura, podendo amar, preferiu o egoísmo; podendo obedecer à verdade, escolheu o engano.

Mas o mesmo dom que torna o erro possível é o que torna possível o arrependimento.

A liberdade é o risco e a glória do espírito — o que nos faz semelhantes a Deus, não por poder, mas por responsabilidade.

O cérebro e a alma: um diálogo necessário

A ciência moderna mostra que o cérebro humano é uma maravilha evolutiva: 86 bilhões de neurônios, trilhões de conexões sinápticas.

Mas, por mais complexa que seja a rede, ela não explica **por que** há consciência — apenas **como** os impulsos se processam.

Assim, a neurociência mapeia o instrumento, mas não o músico.
O espírito é o intérprete invisível que dá sentido à melodia neuronal.

Quando o corpo dorme, sonha; quando desperta, pensa; quando ama, transcende.

Em cada uma dessas experiências, algo imaterial se manifesta — como se o barro se lembrasse de Deus.

A unidade do ser humano

O homem é uma unidade de corpo, alma e espírito — não três substâncias, mas **três dimensões de um mesmo ser**.

A ciência estuda o corpo, a psicologia a alma, a teologia o espírito.

Mas o homem só é pleno quando essas três dimensões se harmonizam.

Desligado do corpo, o espírito é abstração; desligado do espírito, o corpo é máquina.

Por isso, a verdadeira sabedoria é integradora: reconhece que somos matéria espiritualizada e espírito materializado — **um mistério que pensa**.

O destino do espírito

A evolução física conduziu o homem até a consciência; agora, a evolução espiritual o conduz para a comunhão. A história humana é o prolongamento da criação — um processo de interiorização crescente.

Se a matéria evoluiu até gerar a vida, e a vida até gerar a razão, então a razão está destinada a gerar **a sabedoria e o amor**, que são os frutos do Divino Espírito.

A Bíblia chama esse destino de "redenção"; a ciência o chamaria de **maturidade da consciência cósmica**. Ambas apontam para o mesmo horizonte: a união do homem com o princípio que o gerou.

Conclusão do capítulo

O homem é o ponto de inflexão da criação — onde a matéria se torna alma e o tempo toca a eternidade. Em sua estrutura biológica, pertence à Terra; em sua consciência, participa do céu.

Entre o barro e o sopro, ele se descobre peregrino: corpo de pó, espírito de luz.

O "sopro divino" ainda atua, não apenas no passado, mas em cada pensamento elevado, em cada gesto de bondade, em cada busca sincera pela verdade. Crer, amar, compreender — tudo isso é continuar respirando o mesmo fôlego que animou o primeiro homem.

Porque a Bíblia, lida com olhos de ciência, e a ciência, lida com alma de fé, revelam o mesmo mistério: **Deus continua criando — agora, dentro de nós.**

Capítulo_05 – Adão e Eva: a humanidade una e diversa

A Bíblia abre a história humana com dois nomes — **Adão e Eva**.

O primeiro representa o homem em sua totalidade ("adam" significa "humanidade"); o segundo, a fonte da vida ("chavah", em hebraico, quer dizer "a que dá vida"). Esses dois arquétipos sintetizam o mistério da origem: de onde viemos, quem somos e por que compartilhamos o mesmo destino.

Durante séculos, essa narrativa foi lida literalmente. Hoje, à luz da genética, compreende-se que ela descreve, de modo simbólico, uma **verdade que a ciência confirma em outro idioma**: todos os seres humanos são descendentes de uma única linhagem comum.

A linhagem do cromossomo Y

Pesquisas genéticas realizadas desde os anos 1990 identificaram que todo homem atual compartilha, no cromossomo Y, traços herdados de um **único ancestral masculino**, apelidado de "Adão cromossômico". Esse ancestral não foi o primeiro homem, mas o último indivíduo do qual descendem todas as linhagens masculinas atuais.

A estimativa mais aceita situa-o entre **200 e 300 mil anos atrás**, na África.

A ciência não o identifica como um ser único cercado pelo vazio, mas como parte de uma população de milhares de indivíduos.

Ainda assim, o fato de haver **um tronco genético comum** confirma a unidade profunda da humanidade — um eco moderno do antigo "de um só fez Deus toda a raça dos homens".

A linhagem mitocondrial

De modo semelhante, as mitocôndrias — estruturas celulares transmitidas exclusivamente pela mãe — revelam que todos nós descendemos de uma **"Eva mitocondrial"**, também africana, que viveu há cerca de **150 a 200 mil anos**.

Ela não foi a única mulher de seu tempo, mas a única cuja descendência feminina chegou até nós.

Assim, pela via da biologia, descobrimos o mesmo que o Gênesis ensina pela via do mito:

a humanidade é **uma só família**, unida por uma ancestralidade comum.

A ciência fala em DNA; a Bíblia, em Adão e Eva — e ambas apontam para a mesma verdade espiritual: **somos todos irmãos**.

O símbolo da unidade

No relato bíblico, Adão é formado do pó — isto é, da matéria comum — e Eva é tirada de seu lado — isto é, da mesma substância.

A mensagem é clara: **não há superioridade nem separação essencial entre homem e mulher**, nem entre povos e raças.

Em Adão e Eva, o texto sagrado proclama a **igualdade ontológica** de todos os seres humanos. O "pó" é o mesmo para todos; o "sopro" é o mesmo Divino Espírito.

O que a genética confirma biologicamente, a teologia proclama espiritualmente: **a humanidade é uma só origem e um só destino**.

A diversidade como bênção

Mas se somos um só, por que somos tão diversos? A resposta está na própria lógica da criação: a unidade não exclui a variedade — ela a contém. Da mesma essência brotam múltiplas expressões, como um feixe de luz que, ao passar pelo prisma, se desdobra em cores.

A diversidade humana — de línguas, culturas, rostos e temperamentos — é o reflexo da riqueza do Criador. Cada povo é uma faceta da mesma imagem divina; cada cultura, uma tradução do mesmo impulso de busca.

Assim, a diferença não é sinal de separação, mas de **plenitude criadora**.

A unidade sem diversidade seria monotonia; a diversidade sem unidade seria caos.

A harmonia de ambas é a verdadeira sinfonia da humanidade.

O mito do "pecado original" revisitado

O pecado original, lido simbolicamente, não é a herança de uma culpa biológica, mas a **consciência da liberdade** e a tendência à separação que acompanha o despertar da razão.

Adão e Eva, ao "comerem do fruto", tornaram-se plenamente humanos — conscientes, livres, mas também vulneráveis ao erro.

A ciência descreve a evolução da consciência; a teologia, o despertar moral.

Ambas narram o mesmo processo sob lentes distintas. A "queda" é o nome religioso do mesmo fenômeno que a psicologia chamaria de **autoconsciência conflitiva** — o preço da lucidez.

E a redenção, em ambos os casos, é o retorno à unidade — a reconciliação do homem consigo mesmo, com o próximo e com o Criador.

A arqueologia da fé

Escavações no Oriente Médio confirmam que muitos elementos do Gênesis refletem tradições muito antigas da Mesopotâmia, adaptadas e purificadas pela fé hebraica. O Éden, o dilúvio, a torre — tudo tem paralelos culturais. Mas, ao reinterpretar esses mitos à luz da revelação, Israel lhes deu um **sentido moral e espiritual**: o mundo não é governado por deuses em conflito, mas por **um único Deus criador e justo**.

Assim, a Bíblia não contradiz a arqueologia; ela a **transcende**, transformando memória em mensagem. O solo das civilizações antigas confirma o contexto histórico; a fé revela o conteúdo eterno.

Adão coletivo e Cristo universal

O apóstolo Paulo chama Cristo de "o novo Adão" — aquele que restaura o que o primeiro desfez. Isso significa que "Adão" não é apenas um indivíduo, mas **a humanidade em sua totalidade**. Em Cristo, o homem reencontra a unidade perdida — a reconciliação do pó com o Divino Espírito.

Assim, Adão e Eva não são personagens fossilizados, mas **símbolos permanentes** do drama humano: o despertar da consciência, a experiência da separação e o chamado à comunhão.

Cada um de nós é Adão quando se afasta da fonte; e é Cristo quando retorna a ela.

Conclusão do capítulo

A ciência, ao desvendar o DNA humano, não dissolveu o mistério do Gênesis — **iluminou-o de outro modo**. A "Eva mitocondrial" e o "Adão cromossômico" são testemunhos genéticos de uma verdade espiritual muito mais antiga: a unidade do gênero humano.

Em linguagem científica ou simbólica, a mensagem é a mesma:
somos feitos do mesmo pó, animados pelo mesmo sopro e destinados à mesma plenitude.

A Bíblia o disse em poesia; a ciência o diz em código genético.

E ambas, no fundo, repetem a mesma revelação: **a humanidade é uma só carne, um só espírito, um só destino.**

Capítulo_06 – O Dilúvio e a Memória das Águas

De todos os relatos bíblicos, poucos são tão universais quanto o do Dilúvio.

Quase todas as civilizações antigas — da Mesopotâmia à Índia, da Grécia às Américas — preservam, em mitos e tradições, a lembrança de uma **grande inundação** que purificou e reiniciou a humanidade. Não se trata, portanto, de mera invenção poética, mas de uma **memória ancestral**, inscrita tanto na mitologia quanto no solo do planeta.

O Dilúvio é o símbolo da destruição e da renovação, da morte e do recomeço.

E, à luz da ciência e da teologia, revela-se como uma metáfora cósmica e moral: a purificação das águas que apagam o erro e permitem o renascer da vida.

Ecos na terra e na alma

A arqueologia confirma que o Oriente Médio foi palco de **grandes enchentes regionais** nos últimos 10 mil anos, especialmente na planície mesopotâmica, onde o Tigre e o Eufrates frequentemente transbordavam. Escavações em Ur, Shuruppak e outras cidades antigas revelaram camadas de sedimentos aluviais coincidentes com o período das antigas tradições sumérias.

Esses eventos foram tão devastadores que se fixaram na memória coletiva, sendo reinterpretados como **juízos divinos** e **recomeços da humanidade**. A Bíblia herdou essa lembrança e a revestiu de significado ético e teológico: o Dilúvio como **purificação moral**, não apenas catástrofe natural.

O Dilúvio nas culturas antigas

Antes de Noé, havia **Utnapishtim**, o herói do *Épico de Gilgamesh*; havia **Deucalião e Pirra**, na mitologia grega; havia também o relato hindu de **Manu**, salvo por um peixe divino.

Em todas essas narrativas, o padrão se repete: um homem justo é advertido, constrói uma embarcação, salva a vida e repovoa a Terra.

Essa repetição não é coincidência: é o eco simbólico de uma **experiência real e traumática** da humanidade antiga — o encontro com a força das águas e o reconhecimento de sua ambiguidade: destruidora e vivificante ao mesmo tempo.

A água é, em todas as tradições, o **elemento da origem e da regeneração**.

Mata para fazer nascer. Lava para purificar. O Dilúvio é, portanto, o batismo da humanidade primitiva.

O sentido teológico da destruição

A narrativa bíblica apresenta o Dilúvio como resposta de Deus à corrupção humana.

Mas o que se entende por "corrupção"? Não é apenas violência física, mas **distorção espiritual**: o afastamento da ordem divina, a perda da harmonia com a criação.

Assim, o Dilúvio é menos punição do que consequência natural da desordem moral.

A Terra, ferida pela injustiça, reage; e o caos que se instala é o reflexo do caos interior do homem. Quando o pecado inunda o coração, o mundo também se desorganiza.

O juízo divino, então, é também **ato de misericórdia**: destrói o mal para permitir o renascimento do bem.

Noé: o homem do novo começo

Noé, cujo nome significa "descanso", representa o ser humano que permanece justo em meio ao caos. Sua arca é o símbolo da fidelidade e da confiança — o abrigo da esperança enquanto o mundo se refaz.

Construir a arca é, espiritualmente, **preservar o essencial** quando tudo o mais se perde.

É guardar a semente da fé, a pureza do coração, a lembrança do que é sagrado.

Por isso, a arca é imagem da alma que atravessa as águas do tempo — e chega, renovada, ao monte da paz.

A aliança do arco-íris

Depois do Dilúvio, surge o arco-íris — sinal da **aliança eterna entre Deus e a humanidade**.

É o primeiro pacto explícito da Bíblia, selando a promessa de que a destruição não será a última palavra.

O arco-íris é mais que fenômeno óptico: é **símbolo da reconciliação entre céu e terra**, entre luz e água, entre juízo e misericórdia.

A natureza, outrora instrumento de destruição, torna-se agora sinal de graça.

A ciência explica o arco-íris pela refração da luz nas gotas de chuva; a fé o lê como poesia divina escrita no firmamento.
Ambas têm razão — pois a física descreve **como** acontece, e a teologia revela **por que** ele comove.

Memórias geológicas

Estudos geológicos sugerem que o fim da última era glacial, há cerca de 11 mil anos, provocou **elevação súbita dos mares** e **rompimentos de lagos glaciais**, gerando inundações catastróficas em várias regiões do planeta.
Uma delas, possivelmente, deu origem ao **Mar Negro** atual, que teria se formado a partir do rompimento de uma barreira natural no Mediterrâneo. Esse evento, datado de cerca de 5600 a.C., teria submergido vastas áreas habitadas — talvez a origem histórica do Dilúvio mesopotâmico.

A Terra, portanto, guarda em suas rochas o vestígio físico do que a Bíblia conserva em linguagem simbólica: **a memória das águas que transformaram o mundo**.

A purificação interior

O Dilúvio também acontece dentro de cada um de nós. É o momento em que as águas da vida cobrem o orgulho, a vaidade e a mentira — para que apenas o essencial permaneça flutuando na arca do coração.

Toda conversão espiritual é um dilúvio interior: destrói o velho homem para fazer nascer o novo. Por isso, o batismo é o eco sacramental desse mito primordial — a travessia da morte para a vida, da impureza para a graça.

Conclusão do capítulo

As águas do Dilúvio não são apenas um episódio do passado; são **símbolo permanente da purificação necessária à continuidade da vida**.

A ciência reconhece nas inundações antigas um fato geológico; a fé reconhece nelas um gesto pedagógico de Deus.

Ambas convergem para o mesmo ensinamento: a destruição não é o fim, mas o recomeço.

O arco-íris permanece no céu como lembrete visível de uma aliança invisível:

a promessa de que, mesmo quando tudo parece submergir, há sempre uma arca de salvação — **a fé que atravessa as águas**.

Capítulo_07 – A Torre de Babel e o Mistério das Línguas

Poucos relatos bíblicos expressam tão bem a ambição e a fragilidade humanas quanto o da Torre de Babel. Em poucas linhas, o texto do Gênesis narra um drama universal: o desejo do homem de **alcançar o céu** por suas próprias forças e a consequente **confusão das línguas** que o dispersa pela Terra.

Mas, sob a leitura literal, esconde-se uma profundidade simbólica e até histórica: a origem das civilizações, das línguas e da diversidade cultural que hoje caracteriza a humanidade.

O mito e a metáfora

O texto bíblico é breve e enigmático:

"E disseram uns aos outros: vamos, façamos tijolos, e edifiquemos uma cidade e uma torre cujo cume toque nos céus; e façamos um nome, para que não sejamos espalhados sobre a face de toda a terra." *(Gênesis 11:3–4)*

A torre não é apenas uma construção física, mas o símbolo da **pretensão humana de autossuficiência**. Não satisfeita em ser imagem de Deus, a humanidade quer **ser como Deus** — não pela comunhão, mas pela conquista.
A confusão das línguas, então, é mais do que castigo: é **limite pedagógico**, imposto à soberba para preservar a humildade.

No plano espiritual, Babel é a civilização que busca unidade sem amor, técnica sem ética, poder sem transcendência.

O contexto histórico e arqueológico

A narrativa parece inspirada nas **zigurates mesopotâmicas**, templos em forma de torre erguidos nas cidades da Suméria e da Babilônia, entre 3000 e 1500 a.C.

Essas construções, como a famosa **Etemenanki** ("Casa do Fundamento do Céu e da Terra") em Babilônia, alcançavam dezenas de metros de altura e eram dedicadas a divindades locais.

As escavações arqueológicas em Ur, Eridu e Babilônia revelam a imponência desses templos escalonados, que de fato buscavam **unir o céu e a terra** — expressão concreta do que o Gênesis narra de modo simbólico. A Torre de Babel, portanto, pode ser compreendida como uma **metáfora teológica de uma realidade histórica**: a civilização urbana e centralizada da Mesopotâmia, orgulhosa de sua cultura e tecnologia.

O nascimento das línguas

Durante muito tempo, acreditou-se que a diversidade linguística fosse mero acaso ou castigo divino. Hoje, a linguística histórica mostra que todas as línguas do mundo descendem de **troncos comuns** — famílias linguísticas que, por sua vez, podem remontar a **um ancestral remoto**, talvez uma língua original perdida nas brumas da pré-história.

Esse conceito, conhecido como **"monogênese linguística"**, não contradiz a Bíblia; antes, ressoa com ela.
A ciência e o texto sagrado convergem na ideia de que a humanidade **teve um ponto de partida comum**, tanto biológico quanto linguístico, antes de se espalhar e se diversificar.

A confusão das línguas pode, assim, ser entendida como **processo natural de evolução cultural** — resultado das migrações, do isolamento geográfico e das necessidades locais.

O que a ciência chama de "diversificação linguística", a Bíblia chama poeticamente de "Deus confundiu as línguas".

A torre interior

Cada ser humano também constrói, dentro de si, uma torre.
É o edifício do ego, feito de ambição, razão e orgulho — que cresce até o ponto em que já não escuta a voz do Alto.
E, quando as palavras perdem o sentido e o diálogo se rompe, a confusão de Babel se repete em escala interior.

Toda torre erguida sem humildade desaba sobre quem a construiu.
Toda língua que não busca comunhão gera ruído, não música.

Babel é o arquétipo do **desencontro humano** — quando a comunicação serve ao domínio, não ao entendimento.

A restauração no Pentecostes

Curiosamente, a Bíblia encerra a história de Babel no Antigo Testamento e a reinterpreta no Novo. Em **Pentecostes**, segundo o livro de Atos, os discípulos de Cristo recebem o Divino Espírito Santo e passam a falar em diversas línguas, compreendidas por todos. O que antes foi dispersão torna-se **reconciliação**: o amor devolve à palavra seu poder unificador.

Pentecostes é a **anti-Babel**: onde havia orgulho, há humildade; onde havia confusão, há compreensão; onde havia separação, há comunhão.

Assim, a Bíblia fecha um ciclo simbólico: a história da humanidade começa com a palavra rompida e culmina com a palavra restaurada.

A torre e a tecnologia

Babel também é uma imagem moderna. Hoje, nossas "torres" são os arranha-céus, os satélites e as redes digitais — monumentos à inteligência humana. Nunca estivemos tão conectados, e nunca comunicamos tanto... mas será que **nos entendemos mais**?

O mesmo impulso que ergueu Babel move a civilização contemporânea: a busca de glória, a centralização do poder, a idolatria da técnica.

E, assim como outrora, o perigo não está na altura da torre, mas **na intenção do construtor**.

A ciência e a fé devem unir-se, não competir — pois o verdadeiro céu não se conquista por tijolos, mas por luz interior.

Conclusão do capítulo

Babel é a história da humanidade e do homem interior. É o relato de como o desejo de grandeza pode se tornar queda, e de como a diversidade — outrora vista como punição — é, na verdade, **expressão da criatividade divina**.

A ciência confirma que a variedade das línguas, culturas e povos nasceu de um mesmo tronco. A fé reconhece nisso a sabedoria de Deus, que transforma dispersão em riqueza.

Assim, o mito de Babel não é sobre destruição, mas sobre **a necessidade da humildade para reencontrar a unidade perdida**.

Quando o amor volta a ser a linguagem comum, a torre deixa de ser símbolo de orgulho e torna-se ponte para o eterno.

Capítulo_08 – Sodoma e Gomorra: o Fogo da Decadência e da Renovação

Entre todos os relatos do Gênesis, o da destruição de **Sodoma e Gomorra** é talvez o mais dramático e moralmente contundente.

É a história de duas cidades prósperas que, segundo o texto sagrado, se corromperam a tal ponto que "o clamor de suas iniquidades subiu até os céus". Mas seria apenas uma alegoria moral? Ou haveria, por trás da linguagem simbólica, um eco de acontecimentos reais — eventos que a ciência começa agora a revelar?

As cidades do vale

O relato situa Sodoma, Gomorra, Admá, Zeboim e Zoar na planície fértil próxima ao **Mar Morto**, uma região de intensa atividade sísmica e vulcânica. Durante séculos, o texto bíblico foi lido apenas como mito moral; mas as descobertas arqueológicas dos últimos anos reacenderam o interesse histórico pelo tema.

Escavações em **Tall el-Hammam**, no vale do Jordão, ao norte do Mar Morto, revelaram uma cidade de cerca de 10 mil habitantes, datada de aproximadamente **1700 a.C.**, destruída subitamente por uma **explosão de calor extremo** — o tipo de destruição associada a um evento cósmico.
As camadas arqueológicas mostram pedras vitrificadas, tijolos derretidos e ossadas fragmentadas — sinais compatíveis com um impacto aéreo semelhante ao ocorrido em Tunguska, na Sibéria, em 1908.

Seria essa a Sodoma histórica? A ciência não afirma, mas sugere.

A fé reconhece na coincidência um símbolo: **a destruição súbita de uma civilização que perdera seu eixo moral.**

O fogo do céu

O texto bíblico diz que "o Senhor fez chover do céu fogo e enxofre".

A linguagem é poética, mas curiosamente compatível com o que os cientistas chamam de **evento de impacto atmosférico** — a explosão de um meteorito antes de atingir o solo, liberando energia equivalente a muitas bombas atômicas.

Os estudos em Tall el-Hammam estimam temperaturas acima de **2000 °C**, suficientes para fundir metais e transformar areia em vidro.

As ondas de choque teriam devastado uma área de 25 km de diâmetro — o suficiente para apagar várias cidades do mapa.

O Mar Morto, ali próximo, poderia ter contribuído com gases inflamáveis (como o metano e o enxofre), tornando o fenômeno ainda mais apocalíptico.

Assim, o "fogo do céu" talvez não seja apenas metáfora moral, mas também **lembrança de um cataclismo real**, preservado e reinterpretado em linguagem teológica.

O sentido da ruína

A mensagem central do episódio, contudo, transcende a catástrofe física.

Sodoma e Gomorra simbolizam o **colapso ético de uma sociedade**.

A Bíblia descreve uma civilização entregue à arrogância, à violência e à indiferença diante do estrangeiro e do pobre — pecados que a tradição profética sempre denunciou.

"Eis qual foi o pecado de Sodoma: soberba, fartura de pão e ociosidade; mas não amparava o pobre e o necessitado."
(Ezequiel 16:49)

A corrupção de Sodoma não era apenas sexual ou moral — era **espiritual e social**: a perda da compaixão. Toda sociedade que despreza a justiça e a solidariedade ergue seu próprio destino de ruínas.

Ló e o remanescente

No meio da decadência, surge a figura de **Ló**, sobrinho de Abraão, que hospeda os mensageiros divinos e é poupado do desastre.

Ele representa o **remanescente justo** — aquele que, mesmo vivendo entre as sombras, conserva a luz interior.

A fuga de Ló é um dos grandes símbolos da purificação moral: deixar para trás o que apodreceu, sem olhar para trás.
A mulher de Ló, transformada em estátua de sal, encarna

o apego ao passado, a nostalgia do erro, o olhar voltado àquilo que já não pode ser salvo.

Assim, Sodoma é tanto uma cidade quanto um estado de alma.

E a destruição das torres de pedra reflete a queda das torres interiores da vaidade e da injustiça.

A ciência e a moral convergentes

A arqueologia moderna, ao desvendar a história física do cataclismo, não nega o sentido espiritual do relato — antes o amplia.

Mostra que o universo é moralmente coerente: **a desordem moral e a desordem natural frequentemente se espelham**.

Uma civilização que viola a harmonia da vida atrai sobre si própria a entropia que semeou.

Nesse sentido, a Bíblia e a ciência convergem:
– a ciência explica o **como** das destruições;
– a fé revela o **porquê** das reconstruções.

Ambas reconhecem que o mundo é sustentado por leis — físicas e éticas — e que ignorá-las é sempre perigoso.

O fogo que purifica

O fogo que destrói também é o fogo que renova. Na tradição espiritual, o fogo é símbolo do Divino Espírito Santo, da purificação, da iluminação interior. Sodoma cai para que Abraão se eleve. O velho mundo é consumido para que surja uma nova ordem moral.

Toda alma passa, em algum momento, pelo fogo da consciência — onde ardem as ilusões e sobra apenas o ouro puro do arrependimento.

O mesmo fogo que aniquila o erro ilumina o caminho da verdade.

Conclusão do capítulo

A história de Sodoma e Gomorra é mais que advertência; é **espelho da condição humana**. Em cada tempo, as civilizações erguem suas Sodomas: sistemas que prosperam na injustiça e colhem o fogo da própria decadência.

Mas também, em cada tempo, surgem Abraãos e Lós — homens e mulheres que preservam a semente da fé no meio das cinzas.

A ciência lê nas pedras as marcas do impacto; a teologia lê na consciência as marcas da culpa e da misericórdia. Ambas narram o mesmo drama sob linguagens distintas: o da queda que prepara a redenção.

Pois mesmo após o fogo, a vida sempre recomeça. E o arco-íris que brilhou após o Dilúvio volta a prometer que **o juízo de Deus é, em última instância, um ato de amor.**

Capítulo_09 – José no Egito: da Escravidão à Providência

Entre as narrativas do Gênesis, a história de **José**, filho de Jacó, é uma das mais humanas e universais. É um drama de ciúme, injustiça, queda e redenção — mas também um retrato surpreendentemente coerente com o cenário histórico do Egito antigo. A fé o lê como símbolo da **providência divina**; a história o reconhece como possível eco de fatos reais que ligam a família de Israel ao império do Nilo.

O enredo da providência

Vendida pelos irmãos por inveja, a trajetória de José é marcada por reviravoltas:

da cisterna ao palácio, da escravidão ao trono. Mas o fio que costura sua história é o da **providência** — a convicção de que mesmo as injustiças humanas podem ser instrumentos do plano divino.

"Vós intentastes o mal contra mim; porém Deus o tornou em bem, para conservar a vida de muita gente." *(Gênesis 50:20)*

A ciência pode explicar as causas, a economia e os fenômenos climáticos; mas apenas a fé ilumina o **sentido**: o de que há um propósito que atravessa os séculos.

O Egito como cenário histórico

O Egito, na época atribuída a José (séculos XVIII a XVI a.C.), era um mosaico de povos e dinastias. A região do delta do Nilo, onde se fixaram estrangeiros semitas, corresponde ao que os textos egípcios chamam de **Avaris**, capital dos **hicsos** — povos do Oriente Médio que dominaram parte do Egito durante um período de cerca de cem anos.

Esses hicsos falavam línguas semíticas, usavam nomes semelhantes aos hebraicos e exerciam altos cargos administrativos.
É precisamente o contexto descrito pelo Gênesis: um estrangeiro que, pela inteligência e fidelidade, ascende ao poder e administra o país em tempos de abundância e fome.

Não há prova direta de José, mas há **plausibilidade histórica** — o suficiente para que arqueólogos e biblistas reconheçam que o relato bíblico se encaixa com a realidade social e política da época.

Os sonhos e a ciência dos faraós

O episódio dos sonhos do faraó — as sete vacas gordas e as sete magras — reflete uma tradição egípcia profunda: a de que os sonhos eram **mensagens dos deuses** e podiam ser interpretados por sacerdotes especializados.

A "ciência dos sonhos" era parte da teologia do Egito. Textos como o *Livro dos Sonhos* (descoberto em papiros de Luxor) mostram listas de símbolos e presságios, muito semelhantes ao modo como José interpreta as visões do faraó.

Assim, o texto bíblico revela conhecimento do ambiente cultural egípcio, e sua descrição é realista: o Egito era um império agrícola dependente do Nilo, e uma série de cheias fracas do rio podia, de fato, provocar **sete anos de escassez** — fenômeno hoje compreendido como resultado de variações climáticas cíclicas.

O armazém da abundância

A estratégia de José — armazenar grãos nos anos férteis — foi uma inovação de gestão e previsão. Hoje, arqueólogos identificam em regiões do delta e do Médio Egito **silos de pedra e barro** datados de cerca de 1700 a.C., de dimensões monumentais. Esses depósitos eram usados para acumular trigo em períodos de prosperidade e redistribuí-lo em tempos de fome.

O Gênesis descreve exatamente esse processo. Mais do que um milagre, é o triunfo da **razão inspirada**: a união da sabedoria prática e da fé intuitiva — a cooperação entre inteligência humana e propósito divino.

O Egito e o perdão

A parte mais profunda da história, porém, não está na ascensão política de José, mas em seu reencontro com os irmãos.

O drama do perdão revela o que há de mais essencial no espírito bíblico: a reconciliação entre o passado e o futuro.

No plano simbólico, **José é o arquétipo do Cristo**: traído pelos seus, vendido por moedas, injustamente acusado, mas exaltado e feito salvador de seu povo. O Egito torna-se, assim, não apenas refúgio material, mas **laboratório espiritual** — o lugar onde a dor se transforma em sabedoria.

A convergência histórica

Diversas tradições extra-bíblicas reforçam a presença de povos semitas no Egito durante aquele período. As escavações em **Tell el-Dab'a (antiga Avaris)** revelaram comunidades asiáticas com cultura pastoril e objetos semelhantes aos descritos na narrativa patriarcal. O Egito antigo também registrou fomes severas em inscrições e papiros administrativos, mencionando "anos de grande seca e de grãos racionados".

Nada disso prova a existência literal de José — mas mostra que **os eventos narrados são verossímeis**. A Bíblia, então, não é um documento isolado da fé, mas o eco espiritual de uma história que também deixou marcas no solo.

Da escravidão à liberdade

A saga de José prepara o caminho para o Êxodo — a travessia da escravidão à liberdade.

O Egito é o ventre da prova: ali o povo hebreu aprende a administrar, a sobreviver e a esperar.Deus transforma o cativeiro em escola.

Assim, a "descida ao Egito" é símbolo da descida da alma ao mundo: entra em servidão para aprender o valor da libertação;cai nas trevas para descobrir a luz.

José, o sonhador, antecipa em sua vida o destino de um povo inteiro — e de cada ser humano que, traído e ferido, encontra na dor o caminho da providência.

Conclusão do capítulo

José no Egito é mais do que história antiga: é **parábola da sabedoria e da confiança**.

A arqueologia ilumina o pano de fundo; a teologia revela o significado.

Ambas convergem num ponto essencial: a vida é tecida por forças que, embora invisíveis, operam com ordem e propósito.

O Egito, com seus grãos e seus deuses, é cenário e metáfora:
lugar da tentação e da salvação, da queda e da elevação. E José, ao perdoar, mostra que o verdadeiro poder não está em governar o mundo — mas em reconciliar o coração.

Capítulo_10 – O Êxodo e o Mar Vermelho: história, milagre e libertação

A travessia do Mar Vermelho é um dos episódios mais impactantes de toda a Escritura. Nenhuma outra passagem combina de modo tão vívido o drama humano da libertação com a grandiosidade do poder divino. O relato, narrado no livro do Êxodo, descreve o momento em que Moisés, guiando o povo hebreu para fora do Egito, ergue o cajado e vê o mar se abrir, permitindo a passagem em terra seca. Quando o exército do faraó tenta segui-los, as águas retornam, destruindo os perseguidores.

Durante séculos, o episódio foi interpretado literalmente: um milagre no sentido mais direto da palavra. Contudo, quando lido sob a ótica simbólica e também com o apoio da arqueologia e das ciências naturais, o Êxodo revela-se um acontecimento que une **história, fé e fenômeno natural**, sem que um exclua o outro.

A libertação como símbolo universal

O primeiro sentido do Êxodo é espiritual. O mar representa o limite entre a escravidão e a liberdade, entre o velho e o novo homem. A travessia é, portanto, a passagem interior de cada ser humano — um batismo coletivo — em que o povo renasce sob uma nova identidade, agora livre e conduzido pela fé. Assim, o milagre não é apenas o "abrir das águas", mas a libertação da alma oprimida. A Bíblia, nesse sentido, não relata apenas fatos, mas arquétipos: padrões da experiência humana.

A historicidade do Êxodo

Os registros arqueológicos não confirmam literalmente a presença de milhões de hebreus saindo do Egito, mas diversas descobertas e documentos sugerem **migrações semitas** durante o período do Novo Império (séculos XIII–XII a.C.), compatíveis com um êxodo de clãs ou tribos menores.

Papíros egípcios, como o de Ipuwer, descrevem desordens sociais, pragas e êxodos de trabalhadores estrangeiros. Além disso, inscrições em templos egípcios mencionam povos semitas chamados "Habiru" — uma designação que pode estar na raiz da palavra "hebreus".

Esses indícios reforçam que o relato do Êxodo tem **base histórica**, embora ampliada e espiritualizada pela tradição.

Onde o mar se abriu?

O termo hebraico "Yam Suph", traduzido como "Mar Vermelho", pode significar "Mar dos Juncos". Muitos estudiosos acreditam que a travessia ocorreu não no mar profundo, mas em áreas pantanosas do delta oriental do Nilo — regiões de lagoas rasas conectadas ao Golfo de Suez ou ao Lago Manzala. Imagens de satélite e estudos topográficos mostram que, há 3 mil anos, essas lagoas variavam de tamanho conforme ventos sazonais e marés. Essa hipótese geográfica permite que o fenômeno tenha ocorrido de modo natural, sem negar seu significado milagroso.

As explicações naturais possíveis

Cientistas como Carl Drews e Weiqing Han, utilizando modelagem computacional (Universidade do Colorado, 2010), mostraram que ventos fortes de 100 km/h soprando durante várias horas poderiam empurrar as águas de uma lagoa raso, expondo o leito seco e permitindo uma travessia temporária.

Esse fenômeno, chamado **wind setdown**, é conhecido em hidrologia e já observado em lagos e mares rasos. Quando o vento cessa, as águas retornam rapidamente — o que coincide de modo notável com a narrativa bíblica.

Nesse contexto, o "milagre" estaria não na suspensão das leis naturais, mas na **coincidência providencial**: o vento certo, na hora certa, para salvar um povo oprimido.

A leitura teológica e simbólica

Na tradição judaico-cristã, o evento simboliza a salvação pela fé e o nascimento de um povo espiritual. São Paulo, em 1 Coríntios 10:2, vê o episódio como um batismo em Moisés; e, nos evangelhos, o Cristo repete o gesto de domínio sobre as águas, indicando que o poder divino age na história sempre em favor da libertação. A travessia é, assim, a metáfora do caminho de cada ser humano entre a escravidão do medo e a liberdade da fé.

Convergência entre ciência e fé

A arqueologia mostra migrações possíveis. A geografia indica locais plausíveis. A meteorologia explica fenômenos semelhantes. E a teologia ilumina o sentido espiritual.
Cada uma dessas dimensões não se exclui, mas se complementa. A fé vê o propósito; a ciência descreve o mecanismo; a Bíblia, escrita em linguagem simbólica, une ambos num relato de **esperança e redenção**.

Conclusão

O Êxodo, lido com os olhos da razão e da fé, continua a ser um dos pilares da história humana: um testemunho da capacidade do homem de romper seus grilhões e atravessar o “mar” das impossibilidades.

O milagre, portanto, não é a suspensão das leis da natureza, mas o fato de que a natureza e a história, em determinado momento, se alinharam em favor de um povo guiado por um ideal superior.

Capítulo_11 - As muralhas de Jericó: fé, som e vibração

Poucos episódios do Antigo Testamento são tão emblemáticos quanto o da queda das muralhas de Jericó. A narrativa em Josué 6 descreve um ato de obediência e fé: durante sete dias, os israelitas rodeiam a cidade, guiados pela Arca da Aliança, tocando trombetas de chifre de carneiro. No sétimo dia, após sete voltas e um grande clamor do povo, as muralhas desabam — e a cidade é conquistada.

À primeira vista, trata-se de um milagre militar impossível: uma cidade fortificada cujas muralhas ruem sem o uso de armas ou máquinas de guerra. Mas sob uma leitura não literal, e com o apoio da arqueologia e da física moderna, o episódio revela profundas **camadas simbólicas e possíveis correspondências naturais**, reafirmando que fé e ciência podem caminhar lado a lado.

Jericó: o palco histórico

Jericó é uma das cidades mais antigas do mundo, situada no vale do Jordão, cerca de 250 metros abaixo do nível do mar. Sua localização estratégica, junto a fontes de água doce e rotas comerciais, fez dela uma cidade fortificada desde cerca de **8.000 a.C.**

Escavações realizadas desde o início do século XX por arqueólogos como John Garstang e Kathleen Kenyon revelaram múltiplas camadas de destruição. Uma delas, datada aproximadamente de **1550–1400 a.C.**, coincide com o período atribuído à conquista israelita. Nessa camada, foram encontrados **muros caídos para fora** (em vez de desabarem para dentro, como seria típico de uma invasão), além de **restos de grãos queimados**, indicando uma destruição súbita após o colheita — em linha com o relato bíblico.

Esses achados não comprovam o milagre, mas apontam para um **evento real e abrupto**, talvez de natureza sísmica.

Um terremoto providencial

Jericó situa-se sobre uma das regiões mais ativas do ponto de vista sísmico do Oriente Médio — a **falha do vale do Jordão**, parte do grande sistema do Rift Africano. Terremotos documentados historicamente (como os de 31 a.C. e 1927 d.C.) causaram destruição similar à descrita em Josué.

É plausível, portanto, que **um abalo sísmico coincida com o momento da marcha ritual**. Os israelitas, talvez guiados por Moisés ou por tradições antigas, poderiam ter reconhecido sinais naturais — vibrações do solo, ruídos subterrâneos — e interpretado o evento como ação divina.

O "milagre", então, consistiria na **sincronia entre o gesto de fé e o fenômeno natural**: o momento exato em que o grito coletivo e o toque das trombetas coincidem com o colapso físico das muralhas.

Som, vibração e ressonância

Além da hipótese sísmica, a física moderna sugere outra possibilidade fascinante: a **ressonância acústica**. Toda estrutura possui uma frequência natural de vibração — e quando sons intensos coincidem com essa frequência, ocorre amplificação, levando ao colapso.

Estudos de engenharia acústica demonstram que ondas sonoras suficientemente fortes, se concentradas, podem causar rachaduras ou deslocamentos em materiais rígidos. Experimentos controlados mostram que vibrações de baixa frequência (infra-som) podem afetar pontes, copos e até paredes frágeis.

As trombetas de chifre, tocadas em uníssono e amplificadas por ecos no vale, poderiam ter produzido **ressonâncias locais** sobre uma estrutura já fragilizada por abalos prévios. O grito coletivo dos israelitas —

descrito como "um grande brado" — seria o gatilho final de uma **vibração harmônica** que contribuiu para o colapso.

Assim, o som das trombetas, longe de ser mero detalhe litúrgico, simboliza a união da fé e da voz humana em ressonância com as forças da natureza.

O simbolismo espiritual

Na leitura espiritual, Jericó representa as **barreiras interiores** que o homem precisa derrubar: orgulho, medo, egoísmo, incredulidade. As "muralhas" são psicológicas e espirituais.

A marcha em silêncio, repetida por sete dias, simboliza a **disciplina da fé**: perseverar mesmo quando nada parece acontecer.

O toque das trombetas representa a **vibração do espírito**, a oração que rompe resistências invisíveis. E o brado final é o momento da **rendição total** à vontade divina — quando a fé, acumulada, transforma-se em poder libertador.

Assim, a queda das muralhas é também a metáfora do **poder da mente e da fé coletiva**, capazes de alterar não só o comportamento humano, mas talvez até a própria matéria, pela harmonia vibracional entre corpo, alma e cosmos.

Convergência entre fé e ciência

A arqueologia indica ruínas coerentes com o relato. A geologia mostra a possibilidade de terremotos. A física explica a ressonância do som. E a teologia revela o simbolismo da fé que move o impossível.

Quando lidas em conjunto, essas dimensões compõem uma visão unificada: **Deus não precisa violar as leis da natureza — Ele as utiliza**. O verdadeiro milagre está em a ordem natural coincidir com o propósito espiritual.

Conclusão

A queda das muralhas de Jericó não é apenas um evento arqueológico, mas uma **lição sobre fé ativa e vibração interior**. O som das trombetas ecoa até hoje, lembrando que as maiores fortalezas não estão nas pedras, mas nas resistências do coração humano. Quando a fé ressoa em harmonia com o universo — seja por meio de som, oração ou obediência — até as muralhas mais antigas podem cair.

Capítulo_12 – O maná no deserto: providência divina e biologia natural

Entre os milagres do Êxodo, poucos têm uma imagem tão poética e simbólica quanto o do **maná**, o alimento misterioso que sustentou os israelitas durante quarenta anos de travessia pelo deserto.

Segundo o livro do Êxodo (16:4–31), cada manhã, após o orvalho, uma substância semelhante a flocos brancos aparecia sobre o chão, com gosto de bolo de mel. O povo colhia a quantidade necessária para o dia, pois, se guardasse para o dia seguinte, o maná estragava — exceto aos sábados, quando, em sinal de santidade, permanecia fresco.

Durante séculos, o episódio foi lido como um milagre direto — pão descendo do céu. Contudo, uma leitura não literal, apoiada por observações naturalistas, revela que o "pão do céu" pode representar **tanto uma manifestação da providência divina quanto um fenômeno biológico do próprio deserto do Sinai**.

O contexto histórico e geográfico

O deserto do Sinai é uma região árida, de clima extremo e vegetação escassa. Em meio à sua aspereza, a sobrevivência de grandes grupos humanos seria improvável sem alguma forma de provisão. A narrativa bíblica, ao registrar o aparecimento diário do maná, mostra que o povo reconheceu, na própria natureza, a mão providente de Deus. O milagre, portanto, não reside apenas no fenômeno físico, mas na **sincronia entre necessidade e provisão**, entre fome e alimento, entre fé e sobrevivência.

As explicações naturais: a secreção da tamargueira

Diversos naturalistas identificaram no maná um fenômeno ainda hoje observado em partes do Sinai e da Península Arábica: a **secreção açucarada da tamargueira** (*Tamarix mannifera*).

Durante os meses quentes, pequenos insetos (como o *Trabutina mannipara* e o *Najacoccus serpentinus*) picam a planta para se alimentar da seiva, excretando um líquido adocicado que cristaliza ao contato com o ar, formando pequenas esferas brancas no solo.

Esses flocos aparecem **ao amanhecer, após o orvalho**, e **derretem ao sol**, coincidindo perfeitamente com a descrição bíblica.

Além disso, são **altamente nutritivos**, ricos em açúcares e carboidratos, embora pereçam rapidamente — o que explica por que "apodreciam" se guardados além do tempo indicado.

Pesquisadores britânicos e israelenses que visitaram a região do Wadi el-Sheikh e do Monte Sinai documentaram esse fenômeno, chamando-o de "man essaim" (do árabe *man es-simma* — "maná do céu").

A simbologia da medida e da confiança

A ordem divina era clara: "Cada um recolha o quanto baste para um dia" (Êxodo 16:16).

Aqui se revela o profundo **ensinamento espiritual do maná**: a lição da confiança diária. O povo, recém-liberto da escravidão egípcia, precisava aprender a depender não da acumulação, mas da fé.

O maná é o símbolo da **provisão renovada** — um alimento que, como a graça, é suficiente para o dia de hoje, e não pode ser estocado como garantia para o futuro.
Assim, o fenômeno natural, se interpretado espiritualmente, ensina o equilíbrio entre o trabalho humano e a confiança divina.

A leitura teológica e o paralelismo cristão

No Novo Testamento, Jesus retoma o símbolo do maná em João 6: "Não foi Moisés quem vos deu o pão do céu, mas meu Pai vos dá o verdadeiro pão do céu". O maná, portanto, prefigura o **pão espiritual** — a palavra e a presença divina que nutrem o ser interior. A experiência física dos hebreus no deserto torna-se, assim, um arquétipo da jornada espiritual de todo crente: atravessar o deserto das incertezas sustentado pela fé diária.

A convergência entre fé e biologia

As investigações científicas não diminuem o caráter sagrado do evento; ao contrário, ampliam o entendimento do milagre.

A secreção natural da tamargueira explica **como** o fenômeno pode ter ocorrido; a narrativa bíblica explica **por que** ele foi percebido como sagrado. A coincidência entre a necessidade do povo e a abundância sazonal do maná revela a **sincronia providencial** entre natureza e propósito. Deus, portanto, não precisou violar as leis biológicas — apenas fez com que elas se manifestassem no momento certo, para ensinar fé, moderação e gratidão.

O milagre permanente

Mesmo que o maná tenha explicação natural, o verdadeiro milagre permanece: o povo, em meio à escassez, reconheceu a presença de Deus no cotidiano. Essa é a essência da espiritualidade bíblica — ver o divino não apenas no sobrenatural, mas no natural que responde à fé.

O maná, assim, continua sendo um símbolo da **providência que se renova** e da **biologia que obedece ao ritmo da fé**.

Conclusão

O episódio do maná ensina que ciência e fé não estão em lados opostos. A natureza, em sua complexidade biológica, é o veículo da providência; a fé, o olhar que a reconhece.

Enquanto a ciência descreve o mecanismo — insetos, seiva, cristalização —, a teologia revela o significado — sustento, confiança, gratidão.

No deserto da vida moderna, o maná continua a cair todas as manhãs: na inspiração, no trabalho, na palavra e na esperança que nos sustenta um dia de cada vez.

Capítulo_13 – A estrela de Belém: profecia, astronomia e simbolismo cósmico

Entre todos os sinais narrados nas Escrituras, poucos despertaram tanto fascínio e estudo quanto a **estrela de Belém**. O Evangelho de Mateus (2:1–12) relata que "magos vindos do Oriente" seguiram uma estrela que os conduziu até o local do nascimento de Jesus. Esse acontecimento, singelo e grandioso ao mesmo tempo, foi interpretado por séculos como um milagre celeste. Mas, à luz da astronomia moderna, da história antiga e da simbologia espiritual, ele pode ser visto como uma **convergência admirável entre profecia, ciência e revelação**.

O contexto histórico e profético

A vinda do Messias era aguardada não apenas entre os judeus, mas também entre povos do Oriente Médio influenciados pela tradição profética hebraica e pela astrologia caldeia.

Os "magos" — provavelmente sacerdotes-astrônomos persas ou babilônios — dedicavam-se à observação dos astros, acreditando que os movimentos celestes refletiam eventos divinos na Terra.

Assim, o surgimento de um astro extraordinário no céu do Oriente seria interpretado como o **sinal do nascimento de um rei**.

Profecias antigas — como a de Balaão ("uma estrela procederá de Jacó", Números 24:17) — alimentavam essa expectativa. O relato de Mateus, portanto, une duas tradições: a **profética judaica** e a **astronômica oriental**.

Possíveis explicações astronômicas

Desde Kepler, em 1604, astrônomos buscam identificar que fenômeno celeste poderia corresponder à estrela de Belém. Diversas hipóteses foram propostas, todas coerentes com os registros astronômicos e com o período aproximado do nascimento de Jesus (entre 7 e 4 a.C., segundo os cronologistas modernos).

a) Conjunção de planetas

Em 7 a.C., houve uma rara **tríplice conjunção entre Júpiter e Saturno**, na constelação de Peixes. Esse evento, registrado pelos astrônomos babilônios, teria durado meses e sido visível a olho nu. No simbolismo astrológico da época, Júpiter representava a realeza, Saturno estava associado ao povo judeu e Peixes, à região da Palestina.

Para os magos, tal alinhamento poderia significar literalmente: *"o nascimento de um rei entre os judeus"*.

b) Uma estrela nova (nova ou supernova)

Registros chineses e coreanos mencionam o aparecimento de uma "nova estrela" por volta de 5 a.C., visível por cerca de 70 dias. Esse fenômeno, hoje reconhecido como uma supernova, também poderia ter sido interpretado como o sinal messiânico.

c) O cometa Halley

O cometa Halley passou em 12 a.C. — um pouco cedo demais para o nascimento de Jesus, segundo as cronologias mais aceitas —, mas sua aparição brilhante pode ter inaugurado o ciclo de expectativas messiânicas que culminaram anos depois.

Cada hipótese mostra que **o céu da época oferecia sinais reais e observáveis**, interpretáveis conforme o contexto espiritual e cultural dos magos.

O simbolismo cósmico

Independentemente do fenômeno físico exato, a estrela de Belém é um **símbolo universal de revelação e direção**.
Na linguagem bíblica, a luz representa o conhecimento divino que dissipa as trevas da ignorância. A estrela é, portanto, a manifestação visível da sabedoria celeste

guiando os buscadores — os "magos" — até a Verdade encarnada.

Ela é também o **elo entre o macrocosmo e o microcosmo**: o universo material reflete o nascimento de uma nova ordem espiritual.

Assim como os céus se movem em harmonia, também o tempo humano se alinha ao propósito divino.

O evento, visto dessa forma, não é apenas astronômico, mas **cosmoteológico**: o cosmos inteiro participa da encarnação do Verbo.

A leitura teológica

A estrela cumpre, na narrativa, três papéis fundamentais:

1. **Revela** — indica o nascimento do Messias;
2. **Guia** — conduz os magos até Belém;
3. **Confirma** — ao parar sobre o local, simboliza a convergência entre o céu e a Terra.

Ela é a **ponte entre a razão e a fé**: a ciência dos magos os leva até a revelação, mas só a adoração os conduz à sabedoria verdadeira.

No simbolismo cristão, a estrela é também o anúncio da luz de Cristo, "luz do mundo", e a antecipação da estrela da manhã (Apocalipse 22:16), símbolo da vitória espiritual sobre as trevas.

A convergência entre ciência e fé

A astronomia confirma que o céu de 7–5 a.C. apresentou eventos raros e espetaculares. A história mostra que astrólogos babilônios e persas observavam tais fenômenos com rigor.

A teologia revela o sentido espiritual: o nascimento de uma nova era.

Essas três dimensões não se opõem, mas se unem num mesmo horizonte: o da **ordem cósmica inteligível**. O milagre da estrela de Belém não está em contrariar a ciência, mas em revelar que o universo é o palco da revelação divina — e que o conhecimento humano, quando bem orientado, conduz à adoração e à sabedoria.

Conclusão

A estrela de Belém é, ao mesmo tempo, evento astronômico, símbolo profético e sinal espiritual. Brilhou no céu dos magos, mas também brilha no interior de cada buscador da verdade. Ela recorda que a fé e a ciência olham para o mesmo firmamento — uma pela lente da observação, outra pela luz da revelação — e ambas contemplam o mesmo mistério: o cosmos como expressão da mente divina.

Capítulo_14 - Os milagres de Jesus: fé, energia e consciência

Os milagres de Jesus sempre ocuparam um lugar central na fé cristã. São narrativas que transcendem o campo do extraordinário e se inserem na lógica da revelação: sinais que apontam para algo além do fenômeno físico. No entanto, à medida que a ciência avança, muitos estudiosos buscam compreender se tais eventos podem também ser lidos como manifestações de leis sutis da natureza — ainda não plenamente compreendidas, mas reais — em que fé, energia e consciência se entrelaçam.

O poder da fé como força transformadora

Em várias passagens, Jesus relaciona o milagre diretamente à fé:

"A tua fé te salvou." (Mc 5:34)

Essa expressão, repetida em diferentes contextos, sugere que a fé não é mero assentimento intelectual, mas uma força interior capaz de atuar sobre o corpo e a realidade. Estudos contemporâneos em **psiconeuroimunologia** demonstram que estados mentais e emocionais — como confiança, esperança e serenidade — influenciam diretamente o sistema imunológico e o processo de cura.

Assim, quando Jesus cura pela palavra ou pelo toque, é possível ver nessas ações o despertar de um potencial curativo latente no próprio ser humano, ativado pela fé e pela presença de uma consciência superior.

A energia vital e o toque que cura

O evangelho relata que, ao ser tocado pela mulher hemorrágica, Jesus percebeu que "dele saíra poder" (Lc 8:46). Essa percepção é notável, pois expressa uma transferência de energia — um conceito hoje explorado pela **bioeletromagnetismo** e pela **medicina vibracional**.

Muitos cientistas e terapeutas reconhecem que organismos vivos emitem campos sutis de energia, e que o toque consciente pode alterar estados fisiológicos. Ainda que a ciência moderna seja cautelosa em validar tais fenômenos, experiências documentadas sugerem uma base física para o que antes se chamava de "poder espiritual".

Jesus, portanto, poderia estar operando em um nível de consciência capaz de dirigir, instantaneamente, essa energia vital — algo que as tradições orientais chamam de *prana* ou *chi*, e que o Ocidente redescobre sob o nome de coerência energética.

Milagres como sinais da consciência ampliada

Além das curas, Jesus realizou atos que desafiam a lógica material: transformar água em vinho, multiplicar pães e peixes, caminhar sobre as águas, acalmar tempestades, ressuscitar mortos.

Cada um desses episódios pode ser lido como **símbolo de domínio da consciência sobre a matéria**, uma ideia que encontra ecos na **física quântica** e nas teorias da **consciência universal**.

Se a matéria é, em essência, energia informada, e se a consciência é o princípio que organiza essa energia, então um ser plenamente desperto — como Cristo — poderia agir sobre o mundo físico sem violar suas leis, mas operando por meio de dimensões ainda não acessíveis à maioria.

A multiplicação dos pães, por exemplo, pode representar o princípio da **abundância universal**, em que a partilha e a gratidão multiplicam os recursos percebidos. Já o caminhar sobre as águas pode simbolizar o **domínio sobre as emoções** (as "águas do inconsciente"), resultado da perfeita harmonia entre corpo, mente e espírito.

A ressurreição como salto de consciência

O ápice dos milagres é a **ressurreição**, o triunfo sobre a morte. Mais do que uma reversão biológica, ela aponta para uma transformação ontológica: o ser humano unido plenamente à Fonte da Vida.

Hoje, pesquisas em **experiências de quase morte (EQMs)** e **consciência pós-corporal** abrem novas perguntas sobre os limites entre vida e morte. Talvez o Cristo ressuscitado simbolize não apenas o homem que vence o túmulo, mas a **consciência que transcende a matéria**, inaugurando uma nova compreensão do ser —

aquela que Paulo descreve como o "corpo espiritual" (*soma pneumatikon*).

Fé, energia e consciência — um mesmo campo

Na convergência entre fé e ciência, surge a visão de que **tudo é vibração**, e que o amor — centro da mensagem de Jesus — é a forma mais alta de energia e de coerência. O Cristo, ao curar e ensinar, não fazia "magia", mas revelava as leis mais sutis da criação, aquelas que unem todos os níveis do real: físico, psíquico e espiritual.

A leitura simbólica e científica dos milagres não os diminui — ao contrário, amplia seu alcance. Eles deixam de ser eventos isolados e passam a ser **chaves de compreensão do ser humano integral**, lembrando que a fé verdadeira não nega a razão, mas a eleva à contemplação da verdade plena.

Capítulo_15 – A Ressurreição: ciência, transcendência e o corpo de luz

A Ressurreição de Jesus é o ponto culminante da fé cristã — o evento que redefine o sentido da vida, da morte e da existência humana. Nenhum outro milagre foi tão estudado, debatido e contemplado. Para a teologia, ela é o selo da divindade do Cristo; para a filosofia, o triunfo do espírito sobre a matéria; e para a ciência contemporânea, um mistério que convida à exploração das fronteiras entre energia, consciência e realidade física.

O túmulo vazio e a nova forma de presença

Os evangelhos descrevem o túmulo vazio e as aparições de Jesus ressuscitado como fatos concretos, mas envoltos em um novo tipo de corporeidade. Ele surge e desaparece subitamente, atravessa portas fechadas, mas também come e fala. Trata-se, portanto, de um **corpo transformado**, diferente do corpo físico anterior, mas ainda reconhecível.

A teologia paulina chama essa nova condição de *soma pneumatikon* — o "corpo espiritual" (1Co 15:44) —, uma expressão que indica a **integração plena entre matéria e espírito**, onde a energia da vida se manifesta sem as limitações da densidade material.

Essa descrição se aproxima, curiosamente, de conceitos modernos de **matéria sutil** e **campos de energia coerente**, que poderiam explicar formas de manifestação não limitadas ao espaço-tempo habitual.

A luz da Ressurreição e o fenômeno do Santo Sudário

Entre os indícios físicos que intrigam pesquisadores, o mais notável é o **Santo Sudário de Turim**, tecido que, segundo a tradição, teria envolvido o corpo de Jesus. Análises científicas mostraram que a imagem impressa no linho não é pintura nem queimadura comum, mas uma **marcação superficial causada por uma breve emissão de radiação intensa**.

Físicos como Paolo Di Lazzaro (ENEA, Itália) sugerem que o tipo de energia necessário para produzir tal impressão seria comparável a um pulso de luz ultravioleta de altíssima potência, impossível de ser gerado por meios naturais conhecidos há dois mil anos.

Embora isso não prove a Ressurreição, o fenômeno oferece uma pista simbólica: a transformação do corpo de Jesus poderia ter envolvido uma **emissão de energia luminosa**, como se a matéria tivesse se convertido em luz — uma ideia que ecoa tanto no relato bíblico quanto na linguagem moderna da física quântica e da conversão de energia ($E = mc^2$).

A morte como transição de estado

Na visão científica contemporânea, nada se perde, tudo se transforma. A energia vital que anima o corpo não é aniquilada pela morte; ela apenas muda de forma. Muitos estudiosos de **consciência quântica** e **neurofísica** consideram a hipótese de que a mente não é um subproduto do cérebro, mas um campo não local que sobrevive à dissolução biológica.

A Ressurreição, sob essa ótica, seria a **plena reintegração da consciência à sua origem divina**, e o corpo de luz — o veículo dessa nova existência — seria uma forma coerente de energia espiritual, análoga às descrições das tradições místicas orientais, como o *corpo arco-íris* do budismo tibetano ou o *glorioso corpo de ressurreição* do cristianismo esotérico.

Ciência e transcendência: dois olhares sobre o mesmo mistério

A ciência moderna não pretende provar a Ressurreição, mas começa a reconhecer que a realidade é mais profunda do que a matéria tangível. O físico David Bohm falava de um **"ordem implicada"**, onde o visível emerge de um campo de consciência subjacente. Nesse contexto, a Ressurreição pode ser entendida como a revelação máxima dessa ordem — o momento em que o invisível se torna plenamente visível.

O Cristo ressuscitado é, então, o **arquetipo da evolução espiritual humana**: o ser que atinge o ponto de retorno, onde a energia e a consciência tornam-se indistintas, e o corpo se torna pura luz.

O corpo de luz e o destino humano

Se a Ressurreição é o cumprimento da promessa divina — "quem crê em mim, ainda que morra, viverá" (Jo 11:25) —, ela também é um **chamado à transformação interior**.

Cada ser humano, ao elevar sua consciência, caminha rumo à mesma transfiguração.

A física contemporânea reconhece que toda matéria é luz condensada. A teologia mística afirma que toda alma é centelha da Luz divina.

Entre ambas, surge uma ponte de entendimento: o Cristo não foi exceção, mas o **modelo do que a humanidade está destinada a se tornar** — seres luminosos, reconciliados com o Todo.

O triunfo da consciência

A leitura simbólica e científica da Ressurreição não reduz o milagre à biologia ou à física, mas o amplia ao plano da totalidade.

Ela convida à percepção de que **vida e morte são fases de uma mesma realidade vibrante**, onde a consciência é eterna e o amor é a energia que sustenta o universo.

Na linguagem da fé, isso é redenção. Na linguagem da ciência, é continuidade da energia. Na linguagem da consciência, é o retorno à unidade.

"Eu sou a ressurreição e a vida." (Jo 11:25) Essa afirmação, mais do que uma promessa, é uma revelação ontológica: a vida, em sua essência, nunca morre — apenas muda de forma, até brilhar em plenitude como corpo de luz.

Epílogo – A convergência entre ciência e fé: duas linguagens, uma Verdade

Ao longo desta obra, percorremos os grandes marcos da narrativa bíblica — da Criação ao Êxodo, dos sinais dos profetas aos milagres de Cristo — e os revisitamos à luz da ciência moderna, sem o intuito de reduzir o sagrado à lógica humana, mas de reconhecer que **as leis da natureza são, em última instância, expressões da própria Sabedoria divina**.

A Bíblia, quando lida não literalmente, deixa de ser um livro de mitos antigos e se torna um **mapa simbólico da realidade**, em que cada história traduz um princípio universal.
E a ciência, quando despida de arrogância e aberta ao mistério, revela-se como **a linguagem matemática e experimental desse mesmo Logos** que os antigos chamavam de Palavra de Deus.

O Gênesis e o Big Bang – o verbo que cria

No início, a Bíblia diz: "Haja luz."
A ciência responde: houve um instante de expansão, uma faísca cósmica — o Big Bang — em que o tempo e o espaço nasceram.

Ambas as narrativas falam do mesmo evento: o **momento inaugural da existência**, onde energia, ordem e propósito emergem do Nada.

O "Fiat lux" da teologia e o "Big Bang" da cosmologia são duas formas de nomear o mesmo princípio criador — o surgimento do ser a partir da não existência, movido por uma inteligência imanente.

Adão, Eva e a unidade biológica da humanidade

A genética moderna revelou o **cromossomo Y de Adão** e a **mitocôndria de Eva**, apontando que toda a humanidade descende de um mesmo casal ancestral, em tempos distintos, mas convergentes. O mito bíblico, portanto, preservou de forma simbólica o que a biologia só pôde confirmar milênios depois: **a unidade da origem humana**, a fraternidade essencial de todos os povos.

O Dilúvio, o Êxodo, o Maná e Jericó – história e símbolo

A arqueologia e a geologia encontram traços de enchentes antigas, passagens secas em mares rasos, secreções biológicas no deserto que lembram o maná, e ruínas de muralhas colapsadas em Jericó. Essas evidências não anulam o milagre — antes, o ampliam. Mostram que **a ação divina se manifesta através das leis naturais**, e que o verdadeiro prodígio não está em violá-las, mas em sincronizá-las ao propósito espiritual da libertação, da confiança e da fé.

A Estrela de Belém e os céus que narram a glória

Astrônomos identificaram conjunções planetárias e cometas que poderiam explicar o fenômeno luminoso narrado no nascimento de Cristo. Mais importante do que determinar o astro exato é compreender que **os céus sempre foram o espelho do divino**, e que o cosmos participa da história humana como um grande texto celeste.

A Estrela de Belém é, assim, o símbolo da **consciência cósmica guiando o despertar espiritual da humanidade.**

Os milagres e a ciência da consciência

As curas de Jesus, sua palavra que transforma e seu toque que restaura, ganham novo sentido quando vistas à luz das interações entre mente, corpo e energia. A fé, compreendida como força interior coerente e vibrante, torna-se **ponte entre a biologia e o espírito**, mostrando que o poder divino age através da consciência desperta.

A Ressurreição – o corpo de luz e o destino do ser humano

Na Ressurreição, culmina a jornada espiritual e científica: a matéria se converte em luz, e o homem, em pura consciência. A física moderna já reconhece que tudo é energia; a teologia afirma que Deus é luz. Entre ambas, nasce uma mesma verdade: **a vida não termina — apenas muda de estado**. O Cristo ressuscitado é o arquétipo da humanidade regenerada, o ponto de convergência entre o visível e o invisível.

Duas linguagens, um só propósito

A ciência descreve o *como*; a fé revela o *porquê*. A primeira mede, a segunda dá sentido. Quando unidas, formam um único caminho de conhecimento — **a busca da Verdade integral**, em que o universo é visto como manifestação de um pensamento divino, e a alma humana, como sua imagem viva.

O erro não está em ler a Bíblia como poesia cósmica, nem em estudar o cosmos com rigor científico. O erro está em imaginar que as duas coisas se excluem. O verdadeiro sábio — seja ele físico ou místico — reconhece que **a luz do laboratório e a luz da revelação vêm da mesma Fonte.**

O retorno à unidade

Assim, uma leitura não literal da Bíblia não nega o milagre — ela o amplia, tornando-o cósmico, interno e contínuo.
Cada átomo, cada célula, cada consciência humana é parte da mesma história que começou com o "Haja luz" e culminará no reencontro do Criador com sua criação.

Ciência e fé, razão e espírito, objetividade e misticismo — são faces complementares da mesma busca: compreender a Verdade, não apenas como conceito, mas como experiência viva.

E quando, ao final dessa jornada, o ser humano contempla o universo e reconhece nele a presença do divino, ele percebe que **o maior milagre não está fora, mas dentro de si: o despertar da consciência que compreende, ama e cria em harmonia com o Todo.**

"A glória de Deus é a inteligência do homem plenamente iluminada."

— *Paráfrase inspirada em Santo Irineu de Lyon*

Pósfácio - Entre a letra e a luz

Quando iniciei a elaboração deste livro, meu propósito não foi provar nada — nem à ciência, nem à teologia. Foi apenas buscar **compreender**, à luz do tempo em que vivemos, o significado profundo das antigas palavras sagradas.

Há muito percebo que a Bíblia não precisa ser defendida da ciência, assim como a ciência não precisa ser blindada da fé.

Ambas são tentativas humanas — e divinamente inspiradas — de **decifrar o mistério da existência**.

Como engenheiro, sempre fui treinado a pensar em termos de causas, efeitos, leis e medições. Como leitor das Escrituras, sempre percebi nelas algo que escapa à régua e ao compasso: **um código de sentido, uma coerência invisível** que atravessa os séculos e ressoa na alma humana.

Com o tempo, percebi que ciência e Bíblia falam linguagens diferentes, mas descrevem **o mesmo universo** — uma pelo símbolo, outra pela equação.

O que a Bíblia chama de Criação, a cosmologia chama de Big Bang.

O que a fé chama de Espírito, a física quântica descreve como campo de energia.

E o que chamamos de mistério, pode ser o reflexo da infinitude do real diante da finitude do nosso olhar.

Não se trata, portanto, de reduzir o milagre à ciência, nem de negar o sobrenatural, mas de reconhecer que **tudo o que é verdadeiro pertence à mesma realidade**.

Se algo é real espiritualmente, também o será — de algum modo — materialmente.

Se algo é verdadeiro cientificamente, em última instância, expressa a sabedoria divina que mantém o cosmos em ordem.

Uma leitura não literal da Bíblia não é uma negação do texto sagrado, mas uma **leitura amadurecida**, que busca o espírito por trás da letra.
Os antigos sabiam que o texto revelado continha camadas: o relato histórico, o moral, o simbólico e o espiritual.
A leitura literal é apenas a primeira porta; o sentido vivo

está além dela — no ponto em que a fé se encontra com a razão, e o homem se descobre parte do Todo.

Hoje, o diálogo entre ciência e espiritualidade não é apenas possível — é necessário.

Precisamos de uma fé que não tema o microscópio, e de uma ciência que não se envergonhe de contemplar o infinito.
Quando ambas se unem, algo maior emerge: **a consciência integral**, aquela que reconhece que a verdade é uma só, ainda que dita em múltiplos idiomas — hebraico, grego, latim ou matemática.

No fim, este livro é um convite. Não a acreditar cegamente, nem a duvidar de tudo, mas a **buscar** — com a mente desperta e o coração aberto — o sentido que une o visível e o invisível.
Pois entre a letra e a luz há um caminho, e esse caminho é o da compreensão.

É o caminho da Verdade, que não se impõe: **se revela**.

"A fé e a razão são como as duas asas com as quais o espírito humano se eleva para a contemplação da verdade."
— *São João Paulo II*

Sobre o Autor/Editor

Décio Martins de Medeiros: Engenheiro de Eletrônica formado pelo ITA em 1975.

Executivo da HP/Agilent de 1977 a 2009.

Consultor de gestão empresarial de 2009 a 2020.

Escritor de artigos no blog Prazer Compartilhar desde 2017.

Autor de Livros desde 2020.

Conheça as capas e sinopses de seus livros em

https://sites.google.com/view/autordeciomartinsdemedeiros/

O autor/editor agradece às Inteligências Artificiais Claude, ChatGPT e Grok como ferramentas de pesquisa, de estruturação, de organização das palavras, de revisão, de elaboração de resenha, sinopse e capa.